我的家在中國・山河之旅⑥

登泰山小天下

泰山

檀傳寶◎主編　馮婉楨◎編著

中華教育

目錄

第一站　天上，人間？

第二站　皇帝愛泰山

第三站　人與泰山

第四站　泰山石上的歷史

桃花峪

元君

在筋斗雲上
泰山風景，
是絕妙！

傲來峯

你想到《西遊記》裏的天宮走一走嗎？你想像孫悟空那樣站在雲上嗎？你想親眼看一看鐵扇公主的扇子嗎？在「天下第一山」泰山，你的夢想一定能實現！讓我們一起來看看吧！

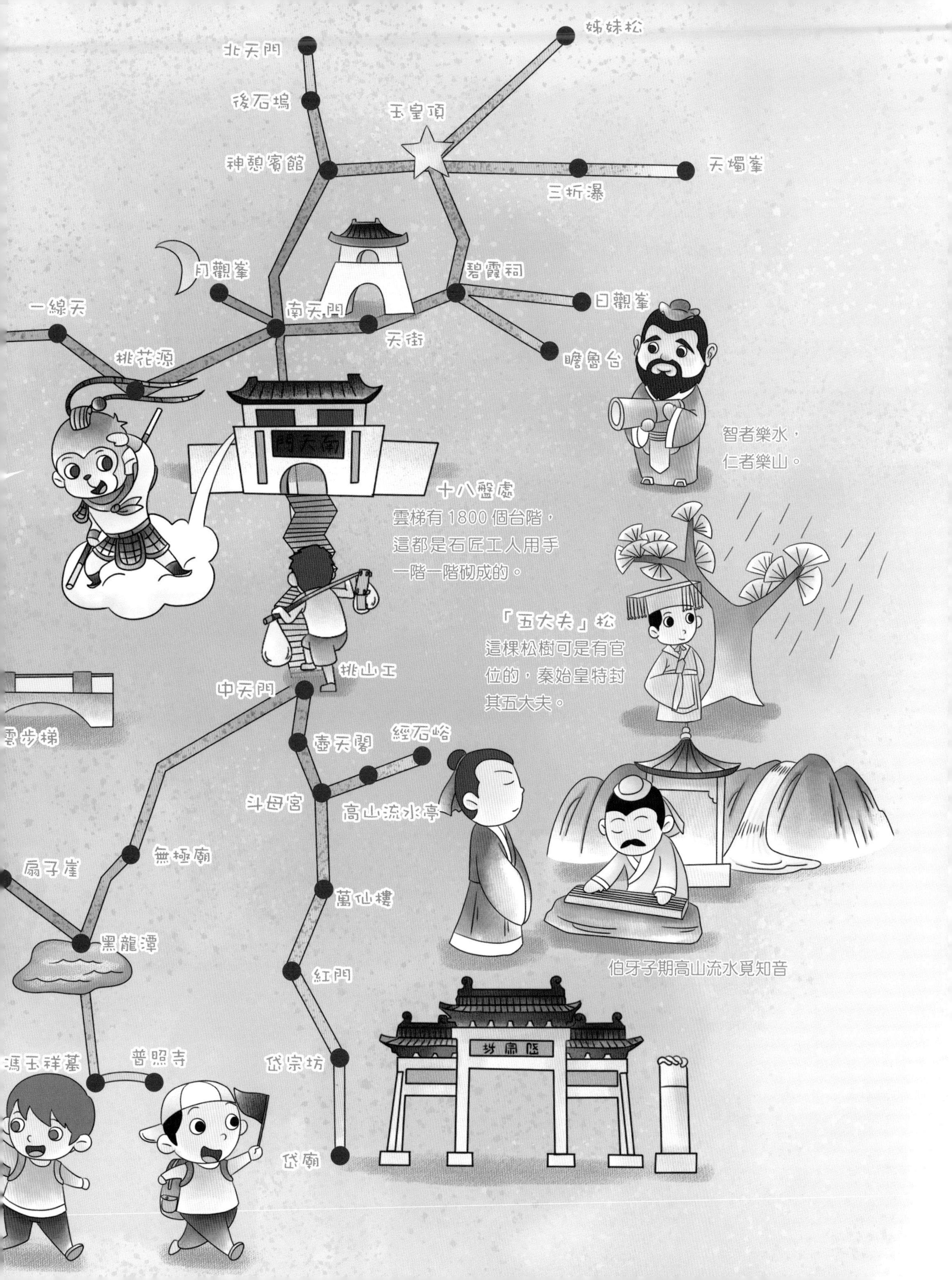
姊妹松
北天門
後石塢
玉皇頂
神憩賓館
天燭峯
三折瀑
月觀峯
碧霞祠
一線天
南天門
日觀峯
天街
桃花源
瞻魯台
南天門
智者樂水，
仁者樂山。
十八盤處
雲梯有 1800 個台階，
這都是石匠工人用手
一階一階砌成的。
「五大夫」松
這棵松樹可是有官
位的，秦始皇特封
其五大夫。
挑山工
中天門
雲步梯
經石峪
壺天閣
斗母宮
高山流水亭
無極廟
扇子崖
萬仙樓
黑龍潭
伯牙子期高山流水覓知音
紅門
馮玉祥墓
普照寺
岱宗坊
岱宗坊
岱廟

第一站

天上，人間？

《西遊記》裏的天宮

如果你知道孫悟空，那你一定看過《西遊記》。在《西遊記》裏，玉皇大帝住在「天宮」裏。「天宮」裏有凌霄寶殿、一天門、二天門、三天門、南天門、西天門和東天門，規模宏大，雕欄玉砌，而且這裏整日雲霧繚繞。

▲大鬧天宮

你有沒有想過像孫悟空一樣到「天宮」裏轉一轉呢？如果我告訴你在人間就能找到「天宮」，你信嗎？其實，《西遊記》裏所描繪的「天宮」就是以泰山和其山上的建築為原型的。

▼泰山頂上的風光

▲泰山上的南天門

▲泰山頂上的碧霞祠雪景

「天上宮殿」，這個稱號對碧霞祠來說當之無愧。碧霞祠最初建於宋代，明代和清代時又多次重修。為了適應高山上風雪多的氣候特點，碧霞祠五間正殿的蓋瓦和簷鈴都是銅製的，配殿的蓋瓦是鐵製的。我國古詩裏寫的「巍巍金殿插雲邊」，說的就是泰山頂上的碧霞祠。

▲泰山夜景

站在雲上看日出

你來猜猜看，這是在海邊，還是在哪裏？哈哈，這是泰山頂上的雲海。

站在雲上，這可能嗎？不需要你像孫悟空一樣練就騰雲駕霧的本領，你只需要登上一塊大石頭，那就是泰山頂上的「拱北石」。

站在拱北石上，腳下就是翻江倒海的雲霧。在日出的時候，站在拱北石上能夠看到獨特的、美麗的日出景觀。隨着太陽逐漸地躍出雲海，你會感覺到像是自己駕着雲霧飛向了太陽！

如果你站在拱北石上看着太陽升起，會是甚麼心情呢？想說點甚麼，做點甚麼呢？快記錄下來吧！

興奮，對着太陽大喊：「你好！」

激動，忍不住大喊：「好美啊！」

震驚，想吟詩：「正氣蒼茫在，敢為山水觀？」

…………

泰山上還有很多奇特的山峯，例如：自然天成的仙人橋，恐怕只有仙人輕盈的腳步才能平穩地走過橋；形象逼真的扇子崖，會不會是鐵扇公主那把厲害無比的扇子呢？

▲仙人橋

▲扇子崖

這個山崖叫作寶瓶崖，你能找到其中的寶瓶嗎？

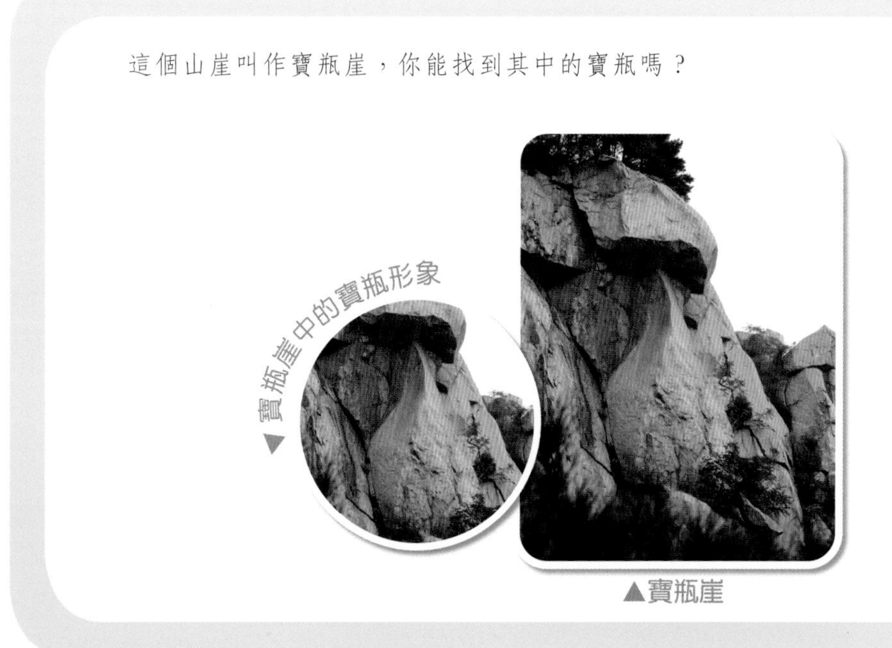

▲寶瓶崖中的寶瓶形象

▲寶瓶崖

從天空垂下來的「梯子」

在泰山上，有一把從天空垂下來的「梯子」。看！它似乎在隨風擺動，讓人不禁好奇地猜想，這是天上的神仙甩下的「雲梯」嗎？它們是不是要接待那些善良的人去參觀他們的天庭呢？到底是誰在「梯子」的那頭？又是誰鋪設「梯子」的呢？

不敢相信吧！這把「雲梯」有 1800 多級台階，是我們的祖先一級一級用石頭砌起來的。清朝時，為了方便上下泰山，人們選擇對山崖中間的夾道進行加工改造，砌成了「雲梯」的樣子，並把這把「雲梯」命名為「泰山十八盤」。

想一下，如果由你來修建「泰山十八盤」的話，你會用多長時間呢？

▼仰望「泰山十八盤」

▼泰山上「擎天捧日」石刻

仰望「泰山十八盤」，人們一方面感歎泰山的峻極通天，另一方面讚美修路匠人的智慧。

如果你走上這台階，一步步地向上攀爬，你會更進一步感受到泰山那拔地通天、擎天捧日的壯美。同時，登泰山考驗着人的毅力，能鍛煉人們自強不息、積極進取的精神。

盤古開天闢地

你知道盤古嗎？傳說泰山是盤古的頭化成的。遠古時候，天地連接在一起，世界一片混沌。巨人盤古勇敢地站起來，用斧頭不斷地劈鑿。最終，盤古開天闢地，天升了起來，地降了下去，世界變得敞亮起來。而盤古疲累地倒下睡着了……他的頭變成了東嶽，身體化為了中嶽，四肢分別變成了南嶽、北嶽和西嶽，眼睛變成了日月，血液變成了江河，毛髮變成了草木……世界因盤古而充滿了生機與活力。

▲盤古開天闢地

遠望泰山，可不就是一個人仰面朝天的頭像嗎？這個「人」面部朝上，大嘴微張，小鼻靈巧，帶有黑色眼珠的眼睛炯炯有神，仰望着浩瀚宇宙。

請你在照片中指出人的嘴巴、鼻子和眼睛的位置。

天地交泰

中國有句古語叫「天地交泰」，意思是說天和地相交於泰山。

松樹有官位

▼泰山上的「五大夫」松

在泰山上，有一棵松樹叫「五大夫」松。「五大夫」在秦朝時是非常高的一個官位。這是怎麼回事呢？

傳說，秦始皇登泰山的時候，在下山時不巧遇上了雷雨天。雷鳴電閃，風吹沙飛，豆大的雨點說來就來了，秦始皇和隨行的侍從都被砸得無處躲藏。慌亂之際，有人發現不遠處的一棵大松樹就像一把大傘，樹下沒有雨水的痕跡。於是，大家簇擁着秦始皇到了樹下。有了大松樹的保護，秦始皇竟累得靠着樹睡着了。夢中，秦始皇見白髮老翁送給自己一棵松樹，老翁說自己是專門來助秦始皇避難的。醒來之後，雨也停了，秦始皇為了感謝大松樹的庇佑，下令封這棵大松樹為「五大夫」松。就這樣，泰山上的這棵松樹也有了官位。

皇帝愛泰山

到泰山上和天說話

中國古代的皇帝有一個愛好——到泰山上和天說話。皇帝認為泰山頂是離太陽最近的地方，也是最接近天上神仙的地方。所以，皇帝有了功勞的時候，會跑到泰山頂上去告訴天上的神，來個「自我表揚」，請神支持他的統治，同時也告訴天下百姓他的皇位是天上的神仙認可的！這叫「封禪」。同時，皇帝有了心願的時候，也會跑到泰山頂上向天上的神仙禱告，希望上天保佑他實現心願。這叫「祭祀」。

被皇帝「寵愛」的泰山

按照史學家司馬遷的解釋，只有德厚功高的明君，在見到祥瑞的時候，才能到泰山封禪。這成為歷代帝王到泰山封禪的條件。也正是由於此，歷代皇帝爭相登泰山，希望向世人表明自己是個明君。

歷史上曾有 13 位帝王先後 31 次到泰山進行過封禪或祭祀活動。到泰山封禪的皇帝有秦始皇、漢武帝、唐高宗、唐玄宗和宋真宗等，到泰山祭祀的皇帝有清朝的康熙和乾隆等。而漢武帝曾八次到泰山封禪。由於得到了眾多皇帝的「寵愛」，所以泰山號稱「天下第一山」。

山東省泰安市岱廟中的大型壁畫《泰山神啟蹕回鑾圖》描繪的就是宋真宗到泰山封禪的場面。皇帝到泰山封禪和祭祀自然要排場，跟隨的文武官員、侍衛和隨從成千上萬。

為了讓今人能夠形象地感知泰山封禪文化，由泰山所在的山東省政府組織打造了大型山水實景演出《中華泰山 · 封禪大典》(上圖為演出劇照)。現在到泰山來的人都有機會觀看這一實景演出。

秦始皇的「鬱悶」

秦始皇是歷史上第一個到泰山封禪的皇帝。秦始皇到了泰山後，看到泰山巍峨雄偉，心情振奮，就問身旁的李斯：「都說泰山最大，它到底大在哪裏呢？」李斯稍一沉思，答道：「泰山不讓土壤，故能成其大；河海不擇細流，故能就其深。」秦始皇一聽，李斯這分明是在給自己上課，心裏頓時像被澆了一盆冷水，不免有點鬱悶，就接着問：「古人說，從善如登，從惡如崩。你怎麼看？」李斯毫不猶豫地回答：「如登，比喻上進難；如崩，比喻墮落容易。行仁政難，行苛政易。」秦始皇再也忍不住了，憤怒地質問李斯：「李斯，你是說我施行的是苛政嗎？你這是在教訓我嗎？」

秦始皇嬴政（前259—前210），是中國歷史上著名的政治家、戰略家、改革家，在李斯的輔助下統一了六國，成為中國首位完成華夏大一統的政治人物。秦始皇建立的制度對中國和世界產生了深遠的影響，奠定了中國封建社會兩千多年政治制度的基本格局。

李斯，秦朝丞相，是中國歷史上著名的政治家、文學家和書法家，被稱為「千古一相」。李斯協助秦始皇統一六國，之後參與制定了秦朝的法律，完善了秦朝的制度，力排眾議，主張實行郡縣制、廢除分封制。

◀泰山上的石刻 —— 從善如登

從善如登，是說做好事就像登山一樣，比喻學好不容易，要花力氣。

唐玄宗公開的祕密

唐玄宗也曾到泰山封禪。當時，唐玄宗手下的官員將準備好的玉策專門拿給他看。玉策由玉製成，在上面刻記了皇帝祈禱的內容，用於封禪禮上的祭祀活動。他問禮官：「為甚麼要把玉策的內容視為祕密，不讓別人知道呢？」禮官解釋：「前代皇帝到泰山封禪，所祈禱的多是個人的私願，不好向世人公開。」唐玄宗當即表示：「我祈禱的是天下百姓的福祉，把玉策的內容公開，讓天下人都知道！」

從此，泰山封禪禮上的玉策內容才開始向世人公開。

天神的肚臍眼有多高？

唐玄宗封禪泰山後，給泰山封了個「天齊王」。猜猜看，這個「天齊王」是甚麼意思呢？「齊」是「肚臍」的「臍」的諧音。唐玄宗的意思是泰山很高，大概能到天神的肚臍眼那個位置了。哈哈，有趣吧！

第三站

人與泰山

苛政猛於虎啊！

▶孔子

比老虎還厲害的是甚麼？

除了皇帝愛泰山以外，人民也愛泰山，其中我們熟知的孔子尤其愛泰山。一方面，孔子就生活在泰山腳下的魯國，另一方面孔子經常到泰山周圍考察民情，思考問題。

一天，孔子和他的學生來到了泰山腳下，見到一位婦女在墳墓前哭得很傷心，就上前詢問原因。原來這位婦女的公公、丈夫和兒子相繼被山上的老虎咬死了。孔子的學生很吃驚地問道：「那為甚麼不離開這裏呢？」婦人解釋：「這裏沒有官兵來收各種賦稅呀！」孔子聽後感慨道：「苛政猛於虎呀！」

從此，「苛政猛於虎」這句話流傳開來。

孔子，是我國著名的思想家、政治家和教育家。孔子是儒家學派的創始人。以孔子為代表的儒家積極推行「仁政」，主張以禮治國，反對「苛政」和「暴政」。同時，儒家倡導「內聖外王」，通過自我修養成為聖賢，通過積極的社會活動參與和諧大同社會的建設。

孔子廣收門徒，傳播儒家思想，並提出了一系列教育主張，如「誨人不倦，因材施教」等。後人將其言論輯成《論語》一書，並讚譽其為「萬世師表」。

儒家文化對中國文化影響深遠，今天，孔子的個人成就依然影響着我們和世界。

登泰山而小天下

孔子為甚麼愛登泰山呢？

孔子有句話叫——「智者樂水，仁者樂山」。孔子認為，山本身就是一個仁者的形象。你看，山高高地聳立着，草木在上面生長，鳥獸在其中棲息生存，人類在其中獲得各種財富；同時，山中出風雲、和陰陽、潤萬物，讓人們看到了美麗的景色。所以，仁者樂山，是因為仁者在山中能夠強烈地感受到大山愛人、無私奉獻的品質。

▼泰山上的孔子登臨處

▲瞻魯台

「泰山岩岩，魯邦所瞻」。這是孔子晚年刪定的《詩經》中對泰山的讚歎。從中可見，孔子對泰山十分尊崇。

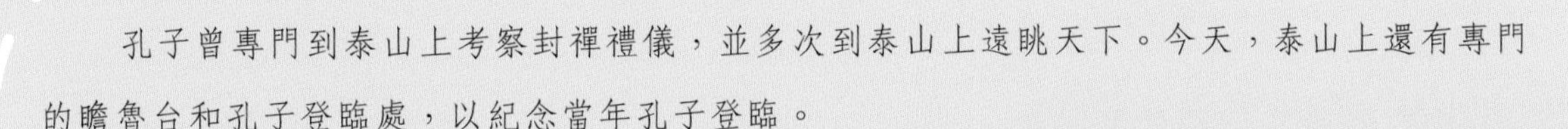

孔子曾專門到泰山上考察封禪禮儀，並多次到泰山上遠眺天下。今天，泰山上還有專門的瞻魯台和孔子登臨處，以紀念當年孔子登臨。

對孔子愛登泰山這件事，孟子分析了其中的緣由：「孔子登東山而小魯，登泰山而小天下。」意思是說，孔子登上魯國的東山，整個魯國盡收眼底；孔子登上泰山，天地一覽無遺。這句話表面上指泰山之高，實際指人的眼界、視點要不斷尋求突破，超越自我，用超然物外的心境來觀看世間的變幻紛擾。人的視點越高，視野就越寬廣。隨着視野的轉換，人們對人生也會有新的領悟。

「人中之泰山」

泰山位於古代齊國和魯國的邊境上。孔子是魯國人，曾任魯國司寇，輔佐君王治理國家。在此期間，齊魯兩國的國君在泰山東側會面，孔子跟隨魯國國君參與會面。

在會面現場，齊國國君派人脅迫魯國國君同意——在齊國出兵打仗時，魯國要派兵支援。在危急關頭，孔子正氣凜然地站出來，當眾指出齊國的做法不合禮儀，並要求齊國首先歸還魯國被齊國佔領的國土。在孔子的指責下，齊國國君羞愧不已，撤下了兵將，並歸還了魯國的國土。

孔子憑口舌戰勝了武力，顯示了儒家禮儀治國的力量。

你知道，孔子廟門前的題聯是甚麼意思嗎？

▶泰山頂上的孔子廟

廟子孔

仰之彌高鑽之彌堅可以語上也

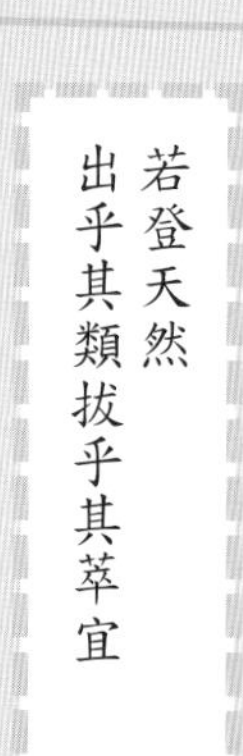

▼泰山孔子廟中的祈福殿

孔子一生中的很多時光都在泰山周圍活動。後人把孔子稱為「人中之泰山」，把泰山稱為「嶽中之孔子」，並把這個概括寫在了祈福殿的楹聯上。

「泰山石敢當」

▲泰山岱廟廣場上的「泰山石敢當」雕像

泰山腳下不僅出過孔子這樣的大家，還活躍過一批好打抱不平的好人。

傳說，泰山腳下住着一個叫石敢當的人。他就好打抱不平，經常積善救人。一次，一戶人家的女兒遇到邪氣侵擾，石敢當幫助趕跑了邪氣。周圍的人們聽說了，爭相邀請他到家裏驅邪保平安。石敢當忙不過來了，就建議大家在家裏的牆根處放上一塊石頭，寫上「泰山石敢當」。果然，這保佑了大家的平安。這樣，「泰山石敢當」成了大家的「保鏢」。

後來，人們在房屋的牆根處、街巷、橋頭和要衝都會放上「泰山石敢當」，用以鎮災避邪，祈福納祥。人們更對「泰山石敢當」進行了美化，使其成為一項民間藝術品。這個祈福藝術品隨着華人的足跡漂洋過海，在日本、泰國、馬來西亞、菲律賓和新加坡等亞洲國家都有使用。

石敢當究竟是一個甚麼樣的人？民間傳説有很多版本，有的説他是醫生，有的説他是壯士，有的説他是武將……不管哪個版本，石敢當都是一個「敢當天下匡扶正義」的人。事實上，歷史上是沒有石敢當這個人的。對「泰山石敢當」的崇拜來自古人對石頭本身的崇拜和對泰山的信仰。後世經過不斷的演化，泰山石被賦予了人格精神和中華兒女認同的英雄形象。

風雲前哨

1935 年，我國第一座高山氣象站在泰山頂上建成了。千萬別小瞧了這個小小的氣象站！1932 年，竺可楨先生親赴泰山選址籌建了這座氣象站，蔡元培先生親自為氣象站題寫了奠基詞。這個氣象站在該年就參與了國際氣象組織發起的「地球觀測年」活動，為國際社會提供了中國地區的氣象數據。當時被譽為「東亞最早、地勢最高、設備特別齊全」的氣象站。

八十多年來，氣象站裏的一批批工作人員在這裏觀雲測天，及時為人們提供氣象信息。然而，堅守在泰山頂上並不是一件容易的事情。泰山上長年無夏，春秋相連，山頂常有大風、大霧和雷電，並且氣溫較低。在 20 世紀 80 年代之前，氣象站裏的所有物資還要靠職工肩扛或手提運上山，生活條件較差。即便現在靠纜車能方便地獲得生活物資，但工作人員也要面臨離家工作的孤單。

▲蔡元培親自為泰山氣象站題寫的奠基詞（引自新華社）

▶浙江大學竺可楨雕像

竺可楨，著名的地理學家和氣象學家，中國現代地理學和氣象學的奠基人。他創建了中國大學中第一個地學系，親自主持籌建中國科學院地理研究所，並曾擔任浙江大學校長達 13 年。

▼泰山氣象站外景

氣象站的守護者

小王是氣象站的守護者。很早之前，小王就聽説泰山氣象站屬於國家二類艱苦氣象站。一天，原本晴朗的天空突然黑雲掠過，觀測場頓時夜幕般暗了下來。霎時間風雨交加雷聲滾滾，道道閃電穿雲而過，聲聲巨響環繞耳邊。災難片裏的劇情就這樣在眼前上映，小王心跳驟然加速，倉皇跑進屋裏。外面的狂風緊追不捨撕扯着窗户，彷彿對小王的逃離頗有微詞。當小王跑進值班室想提醒大家時，卻發現同事們正在有條不紊地發報，參照雷達圖討論天氣過程，一如平常，慌張的只有小王一個人，小王頓時感到既慚愧又羨慕。慚愧的是自己業務能力不足，無法參與到團隊工作當中；羨慕的是同事們臨危不懼的從容和運籌帷幄的瀟灑。「我甚麼時候也能端坐在值班室裏，任爾四季詭譎風雲變幻亦能泰然處之呢？」這是災難之後小王的想法。

▶泰山氣象站地面觀測平台

第四站

泰山石上的歷史

石頭上的字

古往今來，很多文人墨客在泰山的石頭上刻下了不朽詩篇。這讓泰山上的石頭都免不了沾上文化氣息。

瞧，這些石頭都被刻滿了字，一些大石還有成篇的文字。其中最早的字是秦始皇時期的人們刻在石頭上的。這些字歷經千年，保持不變。在秦始皇之後的兩千多年裏，很多帝王和文人墨客在泰山上留下了六千多處石碑和石刻。在今天看來，泰山就是一座天然的歷史和文化博物館。

▲泰山石刻

泰山石刻有着極高的文獻史料價值。從秦始皇一統六國，到南北朝戰亂紛爭，從漢唐盛世到宋朝沒落，乃至元明清各代，無論是帝王將相的封禪祭祀之舉，還是平民百姓的朝山之願，無論是文人墨客對秀山麗水的吟唱，還是官逼民反、揭竿而起的農民起義，泰山石刻的文字中都有記載。這些都是研究中國社會發展和傳統文化的珍貴資料。

泰山的石刻很多出自書法家之手，所以泰山本身也是一座書法名山。

漢武帝的創意

據研究，漢武帝到泰山封禪時，發現已經有皇帝在泰山上立了功德碑。漢武帝心想，即便自己立一座比前人更大的石碑，密密麻麻地寫滿碑文，也不能全面地記錄自己的功德啊！怎麼辦呢？乾脆立一座無字碑！今天，我們在泰山上還能看到這座無字碑。

漢武帝的創意不錯吧！漢武帝的無字碑有兩個意思：一個意思是自己的功德很大，文字無法記錄；另一個意思是功德留給後人去評說吧！

漢武帝劉徹（前 156—前 87），西漢的第七位皇帝，傑出的政治家、戰略家、詩人。他在位期間加強了內部統一，大力開疆拓土，首開絲綢之路，在很多社會領域都有建樹。漢武盛世是中國古代歷史上的三大盛世之一。

漢武帝在位期間，曾八次登臨泰山，舉行大規模的封禪典禮，可謂與泰山交往頻繁。漢武帝第一次登泰山時，即為泰山的雄偉壯麗而驚愕。連喊：「高矣！極矣！大矣！特矣！壯矣！赫矣！駭矣！惑矣！」

▼泰山上的無字碑

這座無字碑上真的一個字都沒有嗎？

傳說，豔陽高照時能夠看到碑中有幾行篆字，而且遠看則有，近觀則無，十分奇特。幾行篆字寫的是甚麼呢？「事天以禮，立身以義，事親以孝，育民以仁。四守之內，莫不為郡縣，四夷八蠻，咸來貢職，與天無極，人民蕃息，天祿永得。」這是記錄漢武帝的功德的。

風月無邊

左邊這塊泰山石上刻的「虫二」兩個字是一個字謎。你能猜出謎底是甚麼嗎？謎底是「風月無邊」！

原來「虫二」是「風月」去了外框而來。「風月無邊」是清風明月、景色秀麗的意思。用「虫二」來表現「風月無邊」的意思非常形象。而且，這幅石刻的意思準確地抓住了泰山風光幽靜秀美、雄渾深遠的特點。構思是不是很獨特呀？

是誰這麼有創意呢？

清朝光緒年間，山東名士劉廷桂與朋友同遊泰山，朋友想到了杭州風月無邊，景色美麗，忍不住讚歎起來。劉廷桂聽後不以為然，力挺景色萬千的泰山，覺得泰山才是風月無邊。既然杭州已經有了「風月無邊亭」，劉廷桂就別出心裁地在石頭上刻上了「虫二」兩個字。

有眼不識泰山

2003 年，在北京人民大會堂，台上台下許多雙眼睛都緊緊地盯着一個評選結果——中華十大名山的推選結果。

「泰山……」結果出來了，「泰山是第一名」。許多人興奮地站起來鼓掌，並當即對身邊沒有選泰山為第一名的朋友開玩笑說：「你這是有眼不識泰山啊！」

國泰民安

泰：平安，安定。國家太平，人民安樂。

三陽交泰

常用以稱頌歲首或寓意吉祥，同「三陽開泰」。

持盈保泰

處在極盛時要謙遜謹慎以保持平安。

泰然處之

泰然：安然，不以為意的樣子；處：處理，對待。形容毫不在意，沉着鎮定。

人心齊，泰山移

只要大家一心，就能發揮出極大的力量。

否極泰來

指壞運到了頭好運就來了。

一般來說，評價一個地方或事物的文化地位時就看該地方或事物在語言中出現的頻率。在中國，許多成語裏都有「泰山」二字，如重於泰山、穩如泰山等。上面有一些含有「泰山」或「泰」字的成語，你知道怎麼讀嗎？來看看它們是甚麼意思吧！

漢語中還有很多含有「泰山」或「泰」字的成語，一起來找找看，看你能找到多少個？

作為中華十大名山之首，泰山堪稱中華民族的「國山」。通過登泰山、品泰山、讀泰山和説泰山，我們能深刻地體驗到泰山精神在中華文化中的重要地位。泰山精神象徵着「會當凌絕頂」的攀登意志、「重如泰山」的價值取向、「不讓土壤」的博大胸懷、「捧日擎天」的光明追求和「國泰民安」的美好寄託。

做「人中泰山」

今天，人們常常用泰山比喻道德品質高尚，或在某些方面卓有成就的人。找找看，你周圍有哪些人堪稱「人中泰山」呢？在下面貼上他們的照片，然後給大家講一講他們的故事吧！

我尊重不同地方和國家的人們。
我願意為自己的班級和學校增光。
我會照顧自己並且分擔家務。
我尊重別人和自己。
人中泰山

試試看，在空白的地方填上相應的文字。通過下面的關卡，就能看到泰山上的天宮！

我安如______，功過讓後人評說吧！

我的家在中國・山河之旅 6

登泰山 小天下

泰山

檀傳寶◎主編 馮婉楨◎編著

責任編輯：吳黎純 楊 歌
裝幀設計：龐雅美
排 版：陳先英
印 務：劉漢舉

出版 / 中華教育
香港北角英皇道 499 號北角工業大廈 1 樓 B
電話：（852）2137 2338
傳真：（852）2713 8202
電子郵件：info@chunghwabook.com.hk
網址：https://www.chunghwabook.com.hk/

發行 / 香港聯合書刊物流有限公司
香港新界荃灣德士古道 220-248 號
荃灣工業中心 16 樓
電話：（852）2150 2100
傳真：（852）2407 3062
電子郵件：info@suplogistics.com.hk

印刷 / 美雅印刷製本有限公司
香港觀塘榮業街 6 號
海濱工業大廈 4 樓 A 室

版次 / 2021 年 3 月第 1 版第 1 次印刷

規格 / 16 開（265 mm x 210 mm）

本書繁體中文版本由廣東教育出版社有限公司授權中華書局（香港）有限公司在香港特別行政區獨家出版、發行。